海底宝藏探秘

蓝灯童画　著绘

读者出版传媒股份有限公司
甘肃科学技术出版社

开采石油和天然气

潮汐能发电

大海里不仅生活着各种海洋生物，还蕴藏着无尽的宝藏。

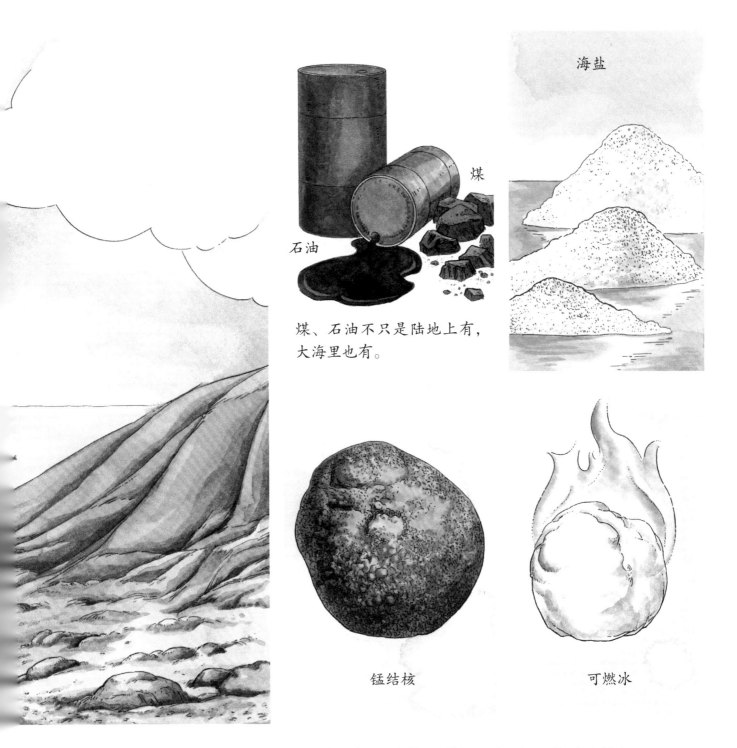

海盐

煤

石油

煤、石油不只是陆地上有，
大海里也有。

锰结核

可燃冰

大海为我们提供了生活所需的一切：食物、能源，还有一些矿产资源。

海水含有氯、碘、金、硫、铀、钠、镁、镍等多种化学元素。

氯

碘

金

硫

铀

钠

应用于航天器材上的镁合金中的镁，有一部分就是从海水中提取出来的。

海水本身就是宝贵的资源，可以从中分离提取多种化学元素。

海水淡化工厂

目前最主要的海水淡化方法是反渗透法和蒸馏法。

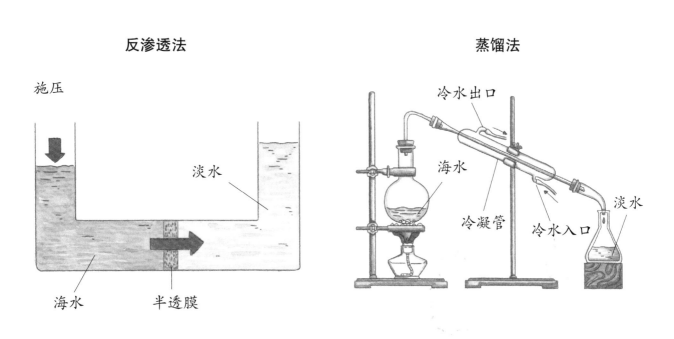

反渗透法

施压

淡水

海水　　半透膜

蒸馏法

冷水出口

海水

冷凝管　冷水入口　淡水

海水又咸又苦，不能直接饮用，但我们可以将它进行淡化处理。

海盐是从海水中提炼出来的。

其他盐　　　　　海盐

铁　　　　　镁
钙
钾

与其他盐相比,海盐含有大量对身体有益的矿物质。

海盐是藏在海水里的宝贝，它保留了海水中的微量元素。剔除杂质后的精制海盐，使食物更添风味。

古人制盐，是将海水引入"盐田"，水分蒸发后，留下自然结晶的盐。

正在干燥的盐堆

随着科学技术的发展，人们已经用机器制盐取代了人工制盐。

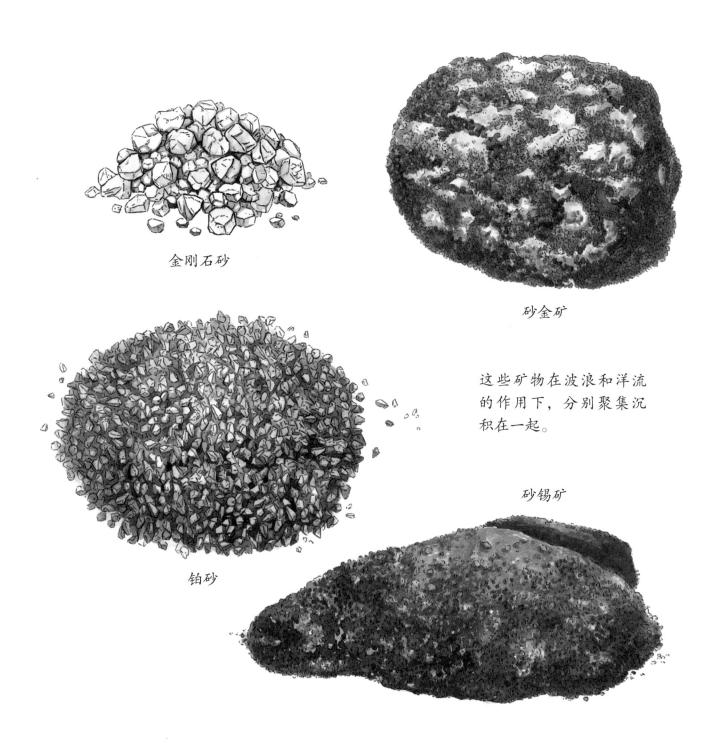

金刚石砂

砂金矿

铂砂

这些矿物在波浪和洋流的作用下，分别聚集沉积在一起。

砂锡矿

不仅海里有宝藏，海滨地带也有宝贝。

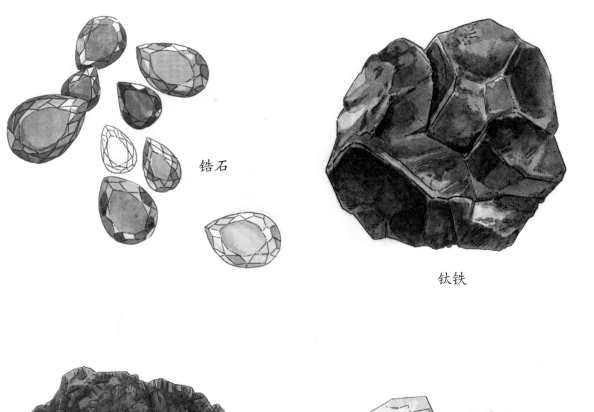

锆石

钛铁

金红石

独居石

　　砂矿用途广泛，有的可以建造高楼大厦，有的可以制造工业设备，还有些砂矿经过处理后能制作珠宝首饰。

煤　　　黑灰色的煤不仅存在于大陆上，也广泛分布于大陆架区域。

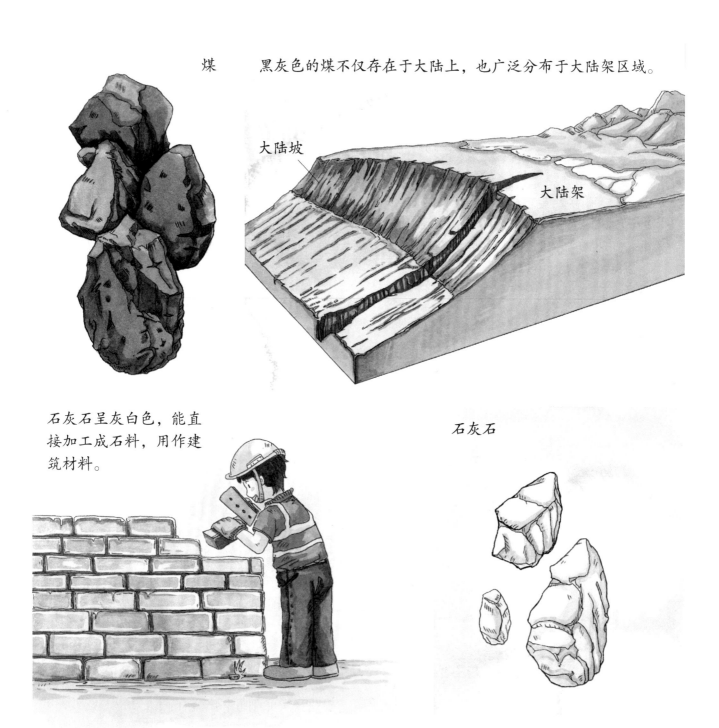

大陆坡

大陆架

石灰石呈灰白色，能直接加工成石料，用作建筑材料。

石灰石

　　我国大陆架浅海地区广泛分布有煤、石灰石等固体矿产，它们很早就被开发利用了。

锰结核形态多样，大小不一，颜色从黑色到黄褐色都有。

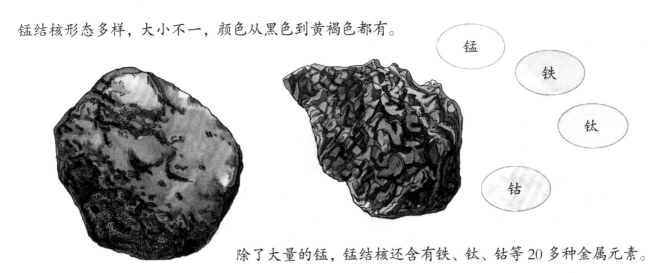

锰

铁

钛

钴

除了大量的锰，锰结核还含有铁、钛、钴等 20 多种金属元素。

锰结核因每块石头中都有一个由生物骨骼或岩石碎片形成的核而得名。

从中提炼出的金属元素可以用来制造电线、不锈钢、坦克等。

冰冷的海水从地壳缝隙渗入地下，与滚烫的岩浆
相遇后，喷发的热液如同烟囱中冒出的浓烟。

海水渗入

被加热的
海水

海水渗入

岩浆

这个过程中，洋壳中的一些金属元素被滤出，所以海底热液富含重金属离子。

海底热液矿是地下喷出的热液遇冷后不断凝固沉积所形成的"烟囱"堆状物。

　　海底热液矿含有金、银、铜、锌、铅、锰、铁等金属元素，因而又称为"海底的金库"。

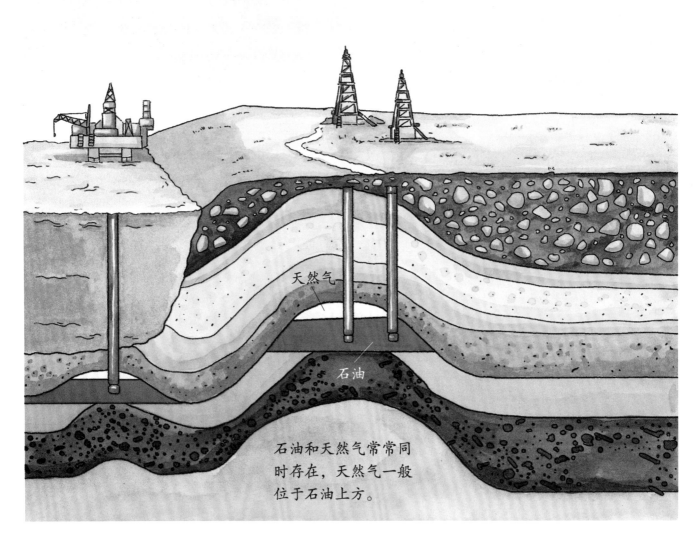

天然气

石油

石油和天然气常常同
时存在，天然气一般
位于石油上方。

海洋里不仅有大量固体矿物资源，还蕴藏着大量的石油和天然气。

天然气汽车

天然气燃气灶

天然气发电

以石油为原料，可以提炼生产出很多东西！

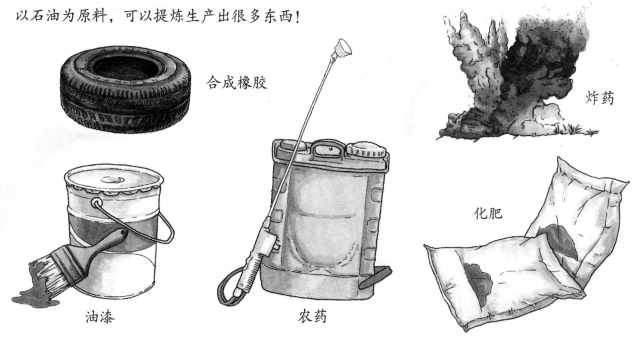

合成橡胶

炸药

化肥

油漆

农药

石油、天然气都是优质的燃料及化工原料。

可燃冰的主要成分为甲烷和水。

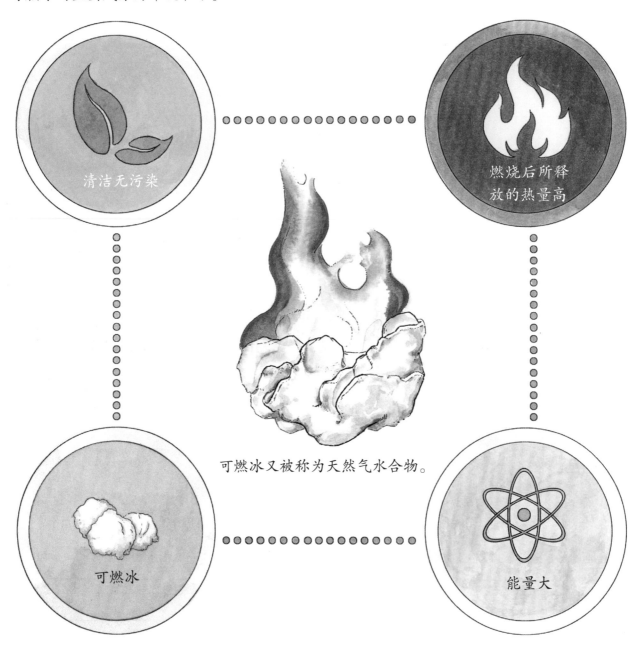

清洁无污染

燃烧后所释放的热量高

可燃冰又被称为天然气水合物。

可燃冰

能量大

　　海洋中还有一种叫"可燃冰"的奇特新型能源，它的外观类似冰，在常温常压下升华并释放出可燃性气体，遇火可以燃烧。

2017 年 7 月，中国首次海域可燃冰试采成功。

可燃冰在海洋里的储量非常大，大于全世界煤炭、石油和天然气的总储量。

潮汐是海水在月球和太阳引潮力作用下，
产生的海面周期性涨落的现象。

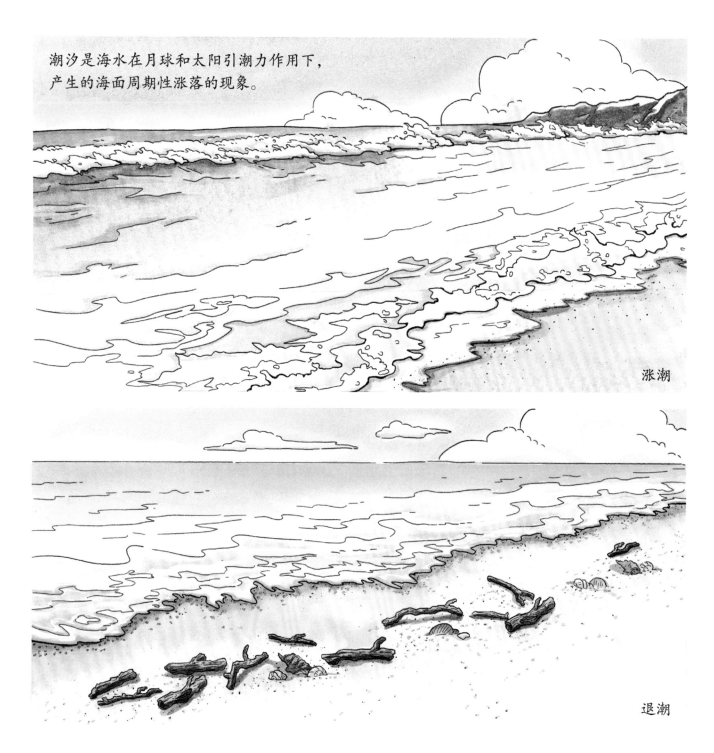

涨潮

退潮

海水也蕴藏着无穷无尽的能量。今天，人们已经能利用它们代替部分不可
再生能源。

利用潮汐能发电需要在海边修建海水可以进入的大水库。

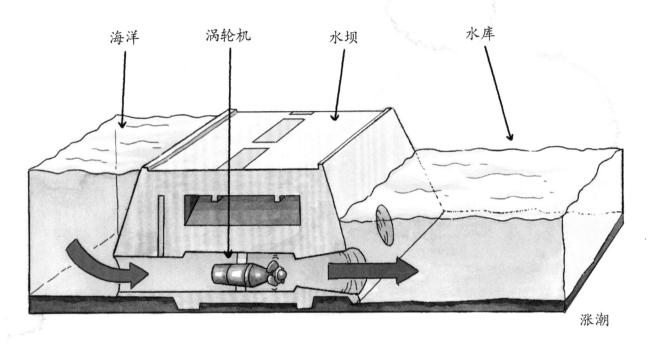

海洋　　　涡轮机　　　水坝　　　　　水库

涨潮

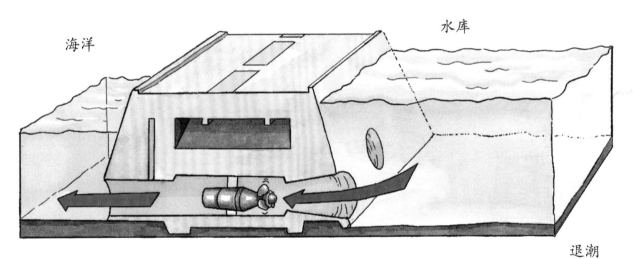

海洋　　　　　　　　　　　　　水库

退潮

潮汐能发电主要利用的是海水涨潮和退潮过程中所蕴含的能量。

潮汐能是一种清洁无污染的可再生能源，目前主要用来发电。

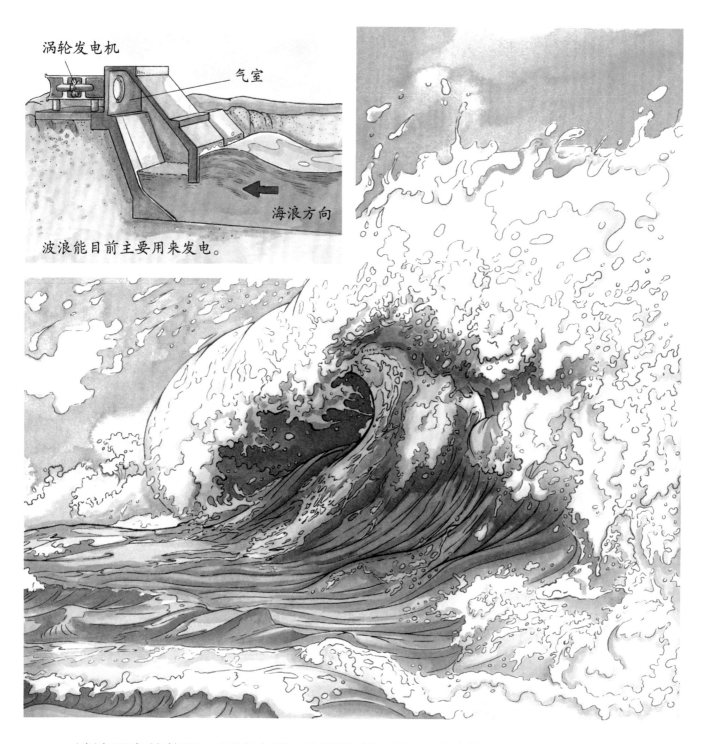

涡轮发电机

气室

海浪方向

波浪能目前主要用来发电。

波浪具有的能量，叫波浪能。和潮汐能一样，波浪能也是一种清洁能源。

海洋温差发电是指利用海洋浅层和深层的温度差进行发电。深层海水温度较低，可使低沸点的物质保持液态；浅层海水温度较高，可使低沸点的物质由液态变为气态，由此推动涡轮发电。

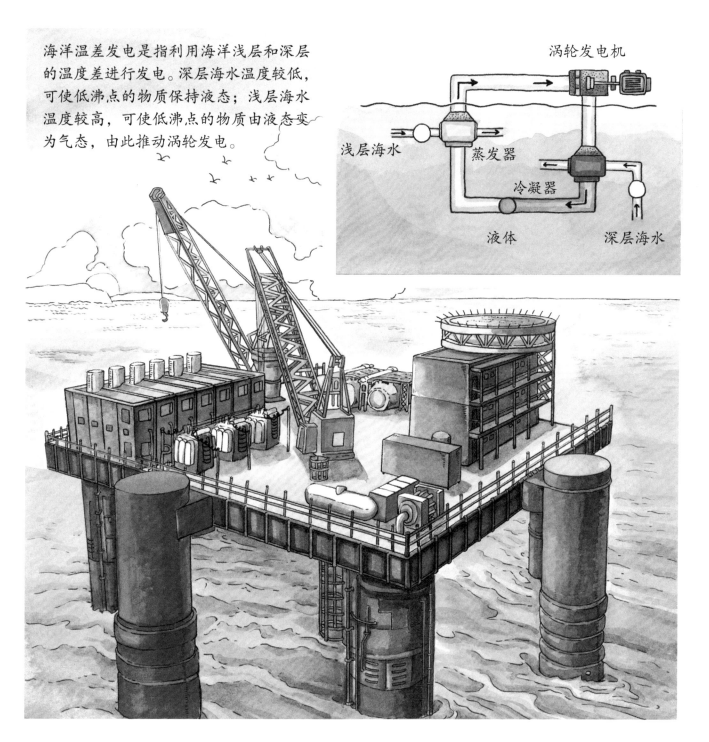

海洋热能，又称海洋温差能，是一种储量丰富的清洁可再生能源。

石油管道破损会造成海水污染。可燃冰开采不当，会引起海底滑坡。

海洋是个神奇的聚宝盆，可如果我们不合理开发，海洋也会"生病"。

让我们行动起来，保护海洋，合理开发和利用海洋资源吧！

　　珊瑚礁并不是一堆美丽的石头，它们由造礁珊瑚的遗骸和其他生物碎屑组成，是海洋里的一种特殊生态系统。

有许多生物要依赖珊瑚礁生存，这些生物集合在一起，形成了巨大的珊瑚礁结构。大的珊瑚礁可以形成珊瑚岛。

　　造礁珊瑚对水温、盐度、水深和光照等生长条件都有比较严格的要求，因此珊瑚礁主要分布在南北纬 30° 之间的浅海中。

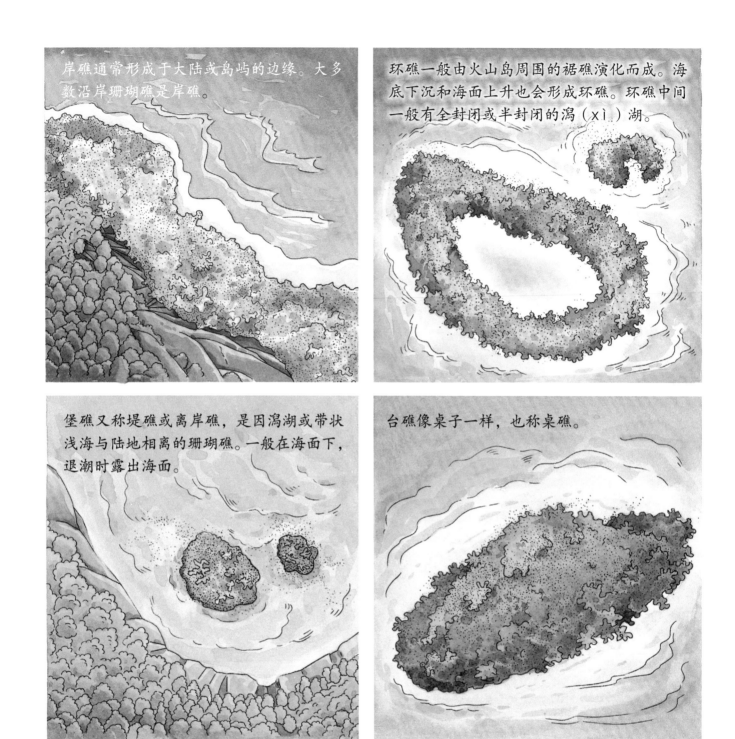

岸礁通常形成于大陆或岛屿的边缘。大多数沿岸珊瑚礁是岸礁。

环礁一般由火山岛周围的裙礁演化而成。海底下沉和海面上升也会形成环礁。环礁中间一般有全封闭或半封闭的潟（xì）湖。

堡礁又称堤礁或离岸礁，是因潟湖或带状浅海与陆地相离的珊瑚礁。一般在海面下，退潮时露出海面。

台礁像桌子一样，也称桌礁。

珊瑚礁可以自由生长，它们的形状描绘着陆地边缘的形状。

珊瑚在火山岛屿四周堆积，和岛岸连在一起，形成了岸礁。

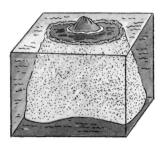

多年以后，火山岛慢慢下沉，原本环绕周围的珊瑚会继续生长，形成堡礁。

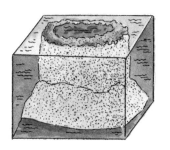

火山岛完全没入水中，就形成了环礁。

珊瑚礁的形成需要历经漫长的岁月。海底陆地的运动、海面的高度、珊瑚的种类等，都会影响珊瑚礁的生长方向。

角珊瑚

苍珊瑚

柳珊

水螅珊瑚

红珊瑚

笙珊瑚

五颜六色的珊瑚千姿百态，有的像树枝，有的像布丁。

软珊瑚的身体柔软，没有坚硬的骨骼，只有细小的骨针分散其中。

肉芝软珊瑚

短指软珊瑚

软指珊瑚

柳珊瑚像柳树，角珊瑚像鹿角，水螅珊瑚又像什么？

珊瑚虫是一种海生圆筒状腔肠动物，根据触手的数量可以分为八放珊瑚（8个触手）和多放珊瑚（8个以上的触手）两大类。它们的嘴巴在触手中央。

　　这些奇形怪状的珊瑚其实不是一个单独的个体，而是一大群珊瑚虫一起努力盖起的"高楼"。

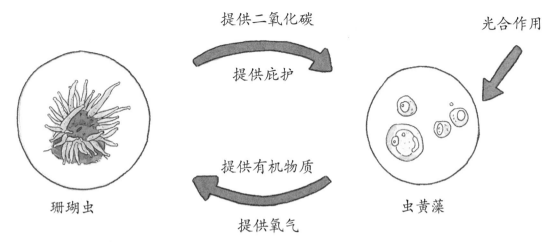

提供二氧化碳

光合作用

提供庇护

提供有机物质

提供氧气

珊瑚虫

虫黄藻

白天有阳光的时候，虫黄藻进行光合作用，到了夜晚，珊瑚虫则会伸出触手捕捉食物。

虫黄藻和造礁珊瑚虫是一对好朋友。珊瑚虫为虫黄藻提供了安全稳定的住所和生长所需要的养分，虫黄藻则为珊瑚虫提供了生存所需的氧气和有机物。

在繁殖季节，雌雄同体的珊瑚会同时释放出雌性和雄性生殖细胞。

　　珊瑚会根据海水温度、月相等，选择同一时间繁殖后代，以提高成功率。当同一区域的珊瑚同时释放出数万亿的精子和卵子时，海底宛如飞雪。

有一些种类的雀鲷喜欢在珊瑚礁种植海藻，为了保护这些海藻，它们会驱赶其他鱼类。

石头鱼长得就像一块不起眼的石头，只要它伪装在珊瑚礁下，谁都别想找到它，更别说拿它当食物了。

你看，那几条鱼总是在珊瑚丛中游来游去，它们是谁，为什么喜欢躲在珊瑚丛里呢？

海龟生活在近海上层，以珊瑚
礁上的珊瑚、水母、小虾、海
绵和乌贼等为食。

海参在海底摄食的同时，能够净化海水，帮珊瑚和其他
海洋生物清洁生长环境。

有的海洋生物觊觎珊瑚的美味，而有的则默默维护着珊瑚的生长环境。

鹦嘴鱼栖息在珊瑚礁海域，它有很多小牙齿，以海藻、珊瑚枝等为食，并将无法消化的珊瑚排泄出来。它们的排泄物是白沙滩的重要成分。

鱼儿们想要吃到珊瑚需要拥有坚硬的牙齿。

海鞘有两个口，一个吸水，一个排水。你若用手指
戳它一下，它就会像水枪一样向外喷水。

海绵是多孔动物，有一
个庞大的"家族"。

有的海鞘（qiào）和海绵会生活在珊瑚礁上，它们是相处和睦的有趣邻居。

棘冠海星的主要食物是珊瑚。

棘冠海星的主要天敌是法螺——一种生活在珊瑚礁中，长达 40 厘米的大型软体动物。

　　棘冠海星是可怕的"珊瑚杀手"，如果大量出现，会对珊瑚礁生态造成严重破坏。

构造复杂的珊瑚礁也为生物们提供了绝佳的栖息和隐匿场所。

小生物死后，其尸骸会迅速分解为其他生物的养料，这就是自然界的食物链。

珊瑚礁里之所以生活着种类繁多的生物群，是由于那里聚集着丰富的藻类——藻类通过光合作用制造有机物，招来浮游生物以及吃浮游生物的小鱼，小鱼又招来猎食小鱼的大鱼。

健康的珊瑚礁是天然的防波堤，能消减海浪的冲击力。

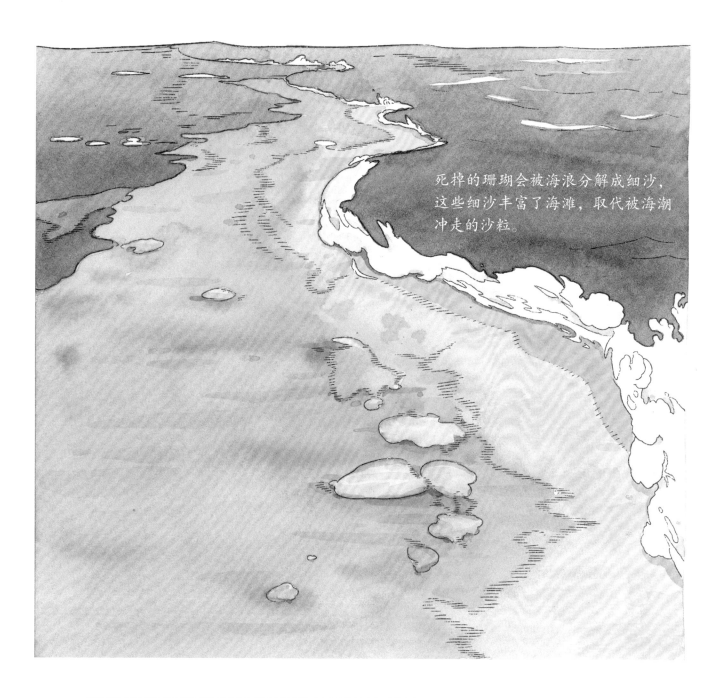

死掉的珊瑚会被海浪分解成细沙，这些细沙丰富了海滩，取代被海潮冲走的沙粒。

珊瑚礁能保护脆弱的海岸线免受海浪侵蚀。

珊瑚礁每年都在生长，它的骨骼一年一年地沉积
下来。珊瑚礁的颜色会受气温和环境的影响而变
化。我们可以通过颜色推测海洋的环境状况。

像大树的年轮一样，珊瑚礁的骨骼会记录漫长岁月里的环境变化。

珊瑚礁还是维护生物多样性的重要一环。

虫黄藻是珊瑚的能量来源，它离开珊瑚时间久了，珊瑚就会"饿死"，颜色逐渐变白。

周围水温过热或过冷时，和珊瑚共生的虫黄藻就会离开珊瑚。

珊瑚死亡后，该片海域的生态环境严重恶化，大量的海洋生物会因为缺少食物和栖息地而面临死亡。

受人类开发利用活动不断增强和全球气候变化日渐加剧的影响，死去的珊瑚正在不断增加。

人工种植珊瑚礁可以通过采集珊瑚的卵和精子，移栽到需要的地方，还可以把珊瑚切成小段移栽。

人工培育的珊瑚长大后，会被移植到海床上去。

为了保护海洋生态环境，人们尝试了很多种保护和修复珊瑚的方式。与在陆地植树造林相比，在海底种珊瑚更加艰难。

恢复珊瑚生态系统，对海洋生态环境的意义非同一般。想一想，我们还能为美丽而脆弱的珊瑚礁做些什么呢？

奇特的茎叶

美丽的花草

植物的馈赠

不一样的植物

史前动物与身边动物

沙漠动物与水中动物

极地动物与热带动物

地上和地下的动物王国

汽车飞机跑得快

轮船列车肚量大

工程机械好帮手

让一让城市作业车

花样主食和糕点

蔬菜水果要多吃

肉类水产营养多

大豆和调味品的秘密

海洋生物大揭秘

另类海洋生物

海底宝藏探秘

不可捉摸的海洋

奇妙的身体和衣服

身边的科学

物品哪里来

神奇电器仿生学

神奇的地球

善变的地球

地球和恒星

从银河系到宇宙

图书在版编目（CIP）数据

海底宝藏探秘 / 蓝灯童画著绘 . -- 兰州 : 甘肃科
学技术出版社 , 2021.4
ISBN 978-7-5424-2825-7

Ⅰ . ①海… Ⅱ . ①蓝… Ⅲ . ①海洋资源 - 普及读物
Ⅳ . ① P74-49

中国版本图书馆 CIP 数据核字 (2021) 第 063885 号

HAIDI BAOZANG TANMI

海底宝藏探秘

蓝灯童画 著绘

项目团队　星图说

责任编辑　赵　鹏

封面设计　吕宜昌

出　版　甘肃科学技术出版社

社　址　兰州市城关区曹家巷1号新闻出版大厦　730030

网　址　www.gskejipress.com

电　话　0931-8125108（编辑部）0931-8773237（发行部）

发　行　甘肃科学技术出版社　　　印　刷　天津博海升印刷有限公司

开　本　889mm×1082mm　1/16　　印　张　3.5　字　数　24千

版　次　2021年10月第1版

印　次　2021年10月第1次印刷

书　号　ISBN 978-7-5424-2825-7　　定　价　58.00元